目錄

 : 附 STEAM UP 小學堂

U0108545

中文

請從貼紙頁選取跟圖畫相配的字詞貼紙，貼在 ⌐¬ 內，然後掃描二維碼，跟着唸一唸字詞。

粵語　普通話

1

zi
子

2

péng
朋

3

tú
圖

寫字練習。

丨 卜 上

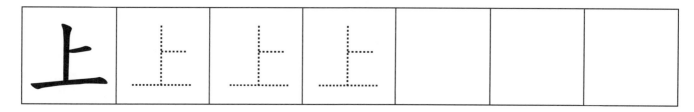

一 丁 下

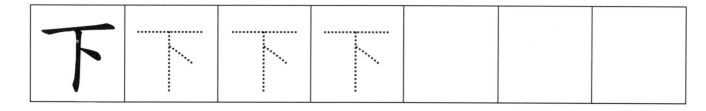

請把圖畫填上顏色，然後用手指沿着虛線走。

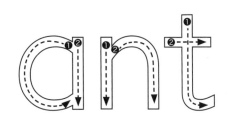

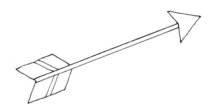
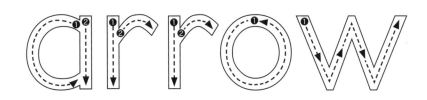

寫字練習。

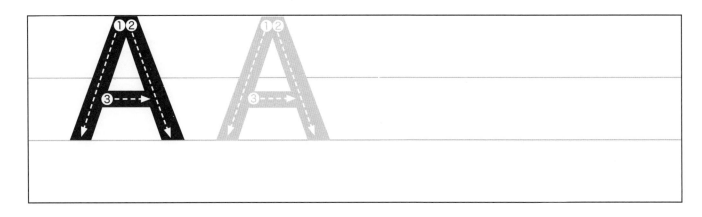

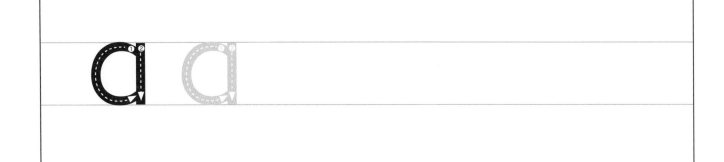

請按提示把圖畫填上正確的顏色。

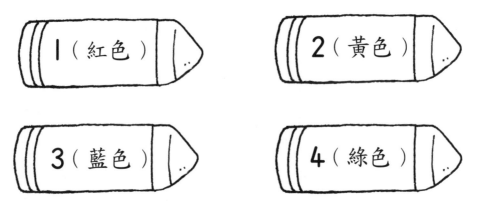

1（紅色）　　2（黃色）

3（藍色）　　4（綠色）

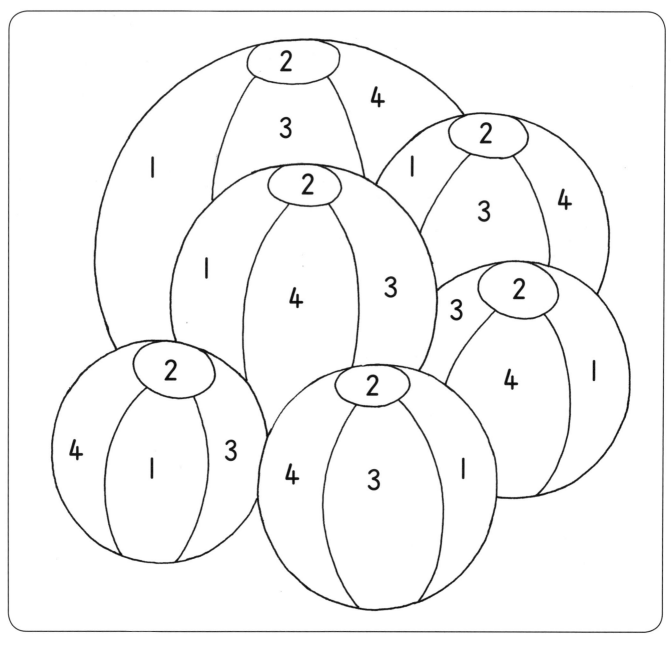

哪些小朋友做得對？請在 □ 內貼上★。

請把可配成詞語的字詞用線連起來，然後掃描二維碼，
跟着唸一唸字詞。

 粵語　 普通話

1  péng 朋

2  bēi 杯

3  máo 毛

4  tóng 同

zi 子

 you 友

xué 學

  jīn 巾

寫字練習。

 ノ 人

人 人 人 人

 一 ナ 方 友

友 友 友 友

- 認字：book、boy
- 寫字：B、b

日期：

請從貼紙頁選取跟字詞相配的圖畫貼紙，貼在 [ ] 內，然後用手指沿着虛線走。

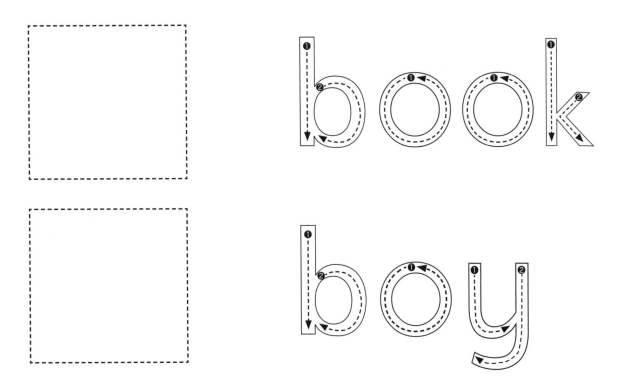

寫字練習。

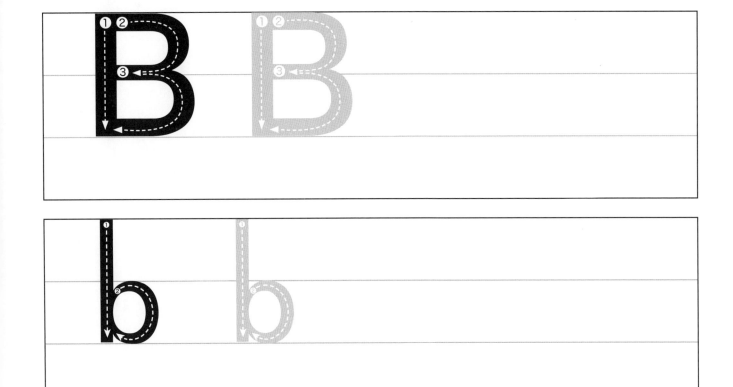

請把相配數量的物件和數字用線連起來。

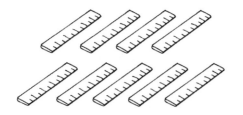　　•　　　　　　•**6**

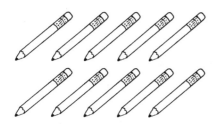　　•　　　　　　•**7**

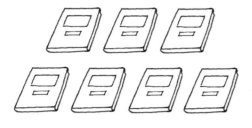　　•　　　　　　•**8**

　　•　　　　　　•**9**

　　•　　　　　　•**10**

請把缺少的部分畫出來，然後把圖畫填上顏色。

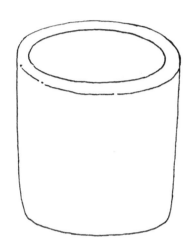

⚛ STEAM UP 小學堂

在古代，喝茶的杯子被稱為蓋碗。而最早的杯是橢圓形的，兩側有耳，又名耳杯，要雙手拿着杯耳捧起來飲用。在書未出現以前，最初文字是被刻在石頭、黏土或樹皮上，及至古埃及人利用莎草紙——一種由莎草的莖編織而成，薄薄的類似紙的材料——作為書寫工具，成為「書」的雛形。

請掃描二維碼，聽一聽是什麼字詞，然後把相配的圖畫和字詞圈起來。

1 粵語 普通話

yǎn jing
眼 睛

bí zi
鼻 子

---

2 粵語 普通話

yá chǐ
牙 齒

ěr duo
耳 朵

---

3 粵語 普通話

yǎn jing
眼 睛

yá chǐ
牙 齒

---

4 粵語 普通話

bí zi
鼻 子

ěr duo
耳 朵

請把相配的圖畫和字詞用線連起來，然後用手指沿着虛線走。

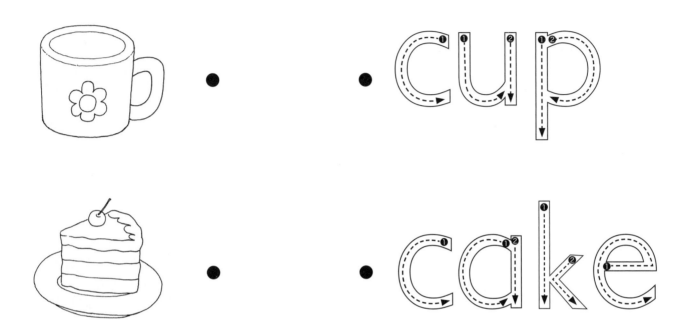

寫字練習。

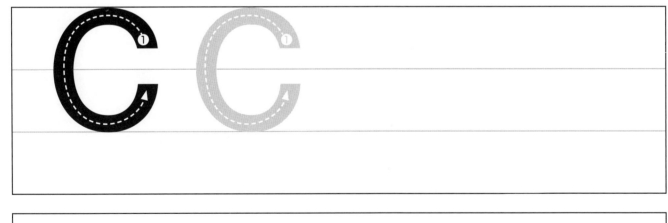

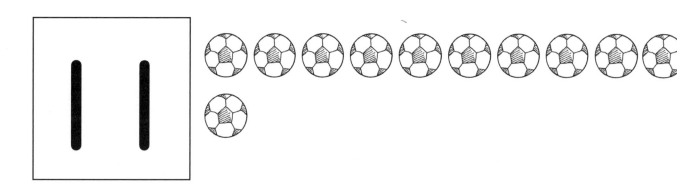
11

⚽⚽⚽⚽⚽⚽⚽⚽⚽⚽
⚽

數一數，哪一組小朋友的數量是 11？請把他們填上顏色。

寫字練習。

11						

12

我們用身體的哪一個部分做下面的事情？請把正確的部分填上顏色。

1

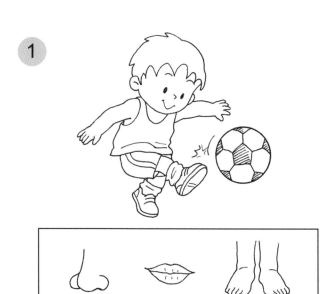

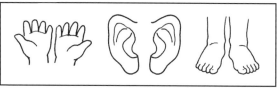

2

3

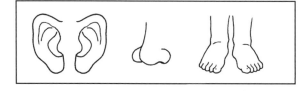

4

⚛ STEAM UP 小學堂

為什麼我們的身體能夠活動，可以看到、聽到、聞到和摸到東西呢？那是因為我們身體裏有一個超級電腦——腦部。它的左側負責控制身體的右邊，右側負責控制身體的左面，並分成不同的區域，掌管不同的感官、動作，還有感受、思考、記憶等。而我們體內有一個很龐大的神經系統，連接腦部和脊髓到身體的其他部分，這些神經網絡幫助信息傳達至腦部，再由腦部傳送出去，從而做出相應的活動或反應。

請從貼紙頁選取正確的字詞貼紙，貼在 ⬚ 內，然後掃描二維碼，跟着唸一唸字詞。

粵語

普通話

1

wǒ yòng　　　　　xiě zì
我用 ⬚ 寫字。

2

wǒ yòng　　　　　tī qiú
我用 ⬚ 踢球。

3

wǒ yòng　　　　　chī píng guǒ
我用 ⬚ 吃蘋果。

寫字練習。

丨 冂 口

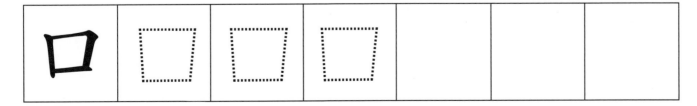

口

請把圖畫填上顏色，然後用手指沿着虛線走。

寫字練習。

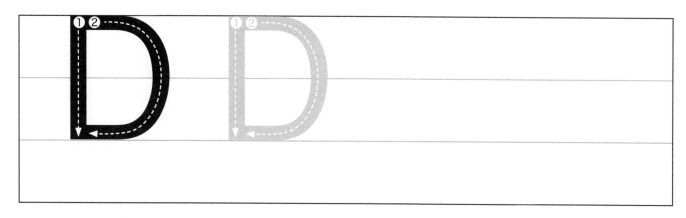

請從貼紙頁選取數字貼紙，然後按人類成長的先後次序，把貼紙貼在 ⬚ 內。

請把最高的女孩填上橙色，把最矮的女孩填上黃色。

⚛ STEAM UP 小學堂

為什麼有些人高？有些人矮？這取決於遺傳、營養及身體鍛煉。一般而言，父母長得高，孩子也會長得較高。但是經過後天的培養和鍛煉，即使父母長得比較矮，孩子也可以長得高。此外，睡得好也可以促進孩子長高，因為兒童在睡覺時，身體的生長速度會比醒着時快。

請看着鏡子把自己的樣貌畫下來，然後填上顏色。

⊗ STEAM UP 小學堂

請爸媽給你一面鏡子，你能看見鏡中的自己嗎？當我們使用平面鏡（即表面平滑光亮的鏡子）去照某件物體時，物體所反射的光，經平面鏡反射進入我們的眼中，讓我們就像看見鏡後有相同的物體出現一樣，稱為「像」。光線經過平滑的鏡面時所反射出的光線方向很規則，所以我們可以很清楚地見到物體所形成的影像。

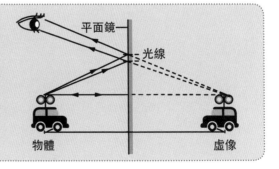

請掃描二維碼，聽一聽他們是誰，然後從貼紙頁選取正確的字詞貼紙，貼在 □ 內，最後跟着唸一唸。

1

 粵語　普通話

2

粵語　普通話

3

  粵語　普通話

4

  粵語　普通話

請從貼紙頁選取跟字詞相配的圖畫貼紙，貼在 □ 內。

ant

boy

cake

door

arrow

cup

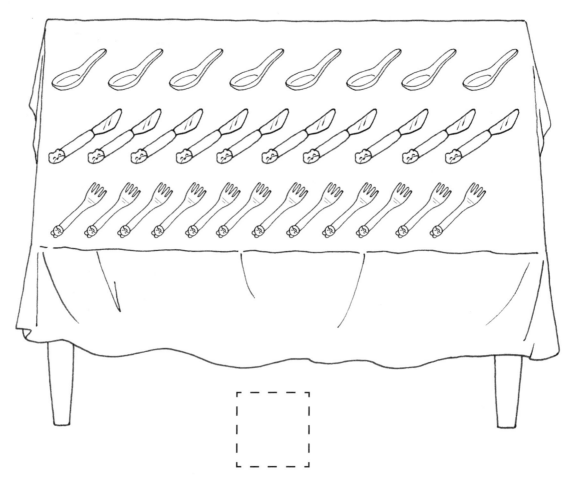
12

數一數，哪一種餐具的數量是 12？請從貼紙頁選取正確的圖畫貼紙，貼在□內。

寫字練習。

看看下面的食物，你會使用什麼餐具呢？請把正確的餐具圈起來。

請掃描二維碼，聽一聽句子，然後把正確的圖畫和字詞圈起來。

1

zhè shì
這是

| yì bǎ dāo zi
一把刀子  | yí gè wǎn
一個碗 |

2

zhè shì
這是

| yì bǎ chā zi
一把叉子  | yì bǎ dāo zi
一把刀子 |

3

zhè shì
這是

| yí gè wǎn
一個碗 | yì bǎ chā zi
一把叉子 |

寫字練習。

フ 刀

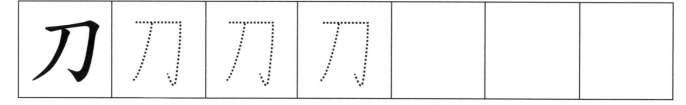

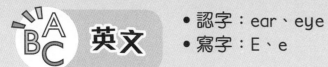

• 認字：ear、eye
• 寫字：E、e

日期：

請把跟字詞相配的圖畫畫在 ☐ 內，然後用手指沿着虛線走。

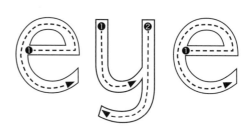

寫字練習。

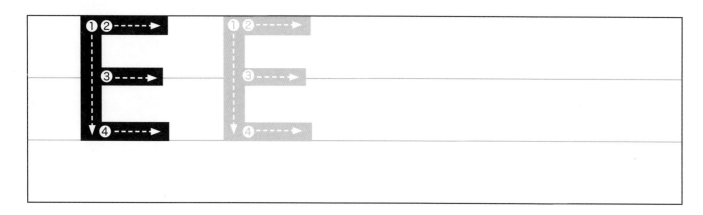

23

數學

• 認識分類的概念

地氈上的物品應放在哪裏？請把物品和適當的地方用線連起來。

請在筷子上畫上你喜歡的花紋，並填上顏色。

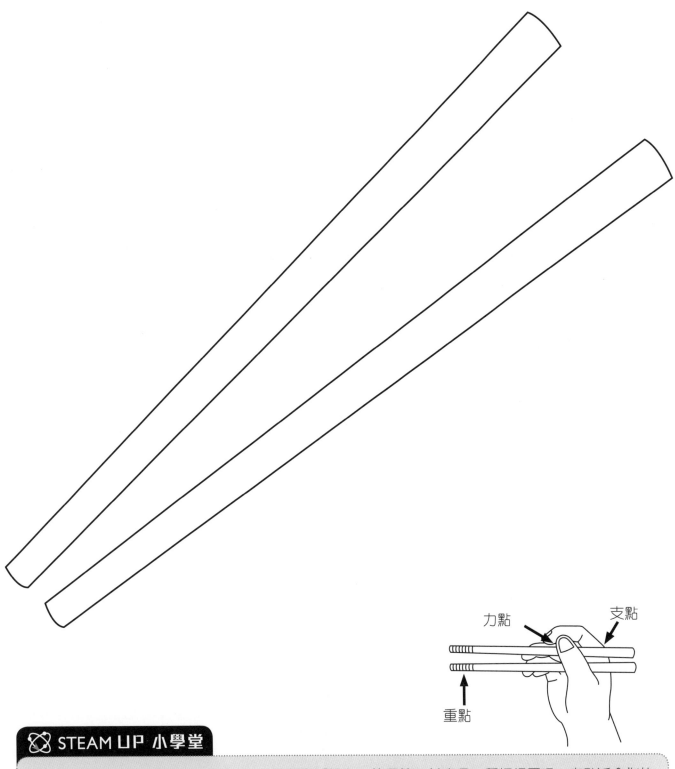

力點　　　支點

重點

✲ STEAM UP 小學堂

筷子是一種起源於古中國的食具，古漢語稱為「箸」。使用筷子其實是一種槓桿原理，支點近食指位置，力點在中間，向上下用力，一開一合把食物夾起來。

● 認讀：秋天、水果、星星、月亮、花燈　　　日期：

請把跟圖畫相配的字詞圈起來，然後掃描二維碼，跟着唸一唸字詞。

1

qiū tiān
秋天

xià tiān
夏天

2

bēi zi
杯子

shuǐ guǒ
水果

3

xīng xing
星星

tài yáng
太陽

4

yuè bing
月餅

yuè liang
月亮

5

huā dēng
花燈

lí zi
梨子

英文

- 認字：fire、four
- 寫字：F、f

日期：

請把相配的圖畫和字詞用線連起來，然後用手指沿着虛線走。

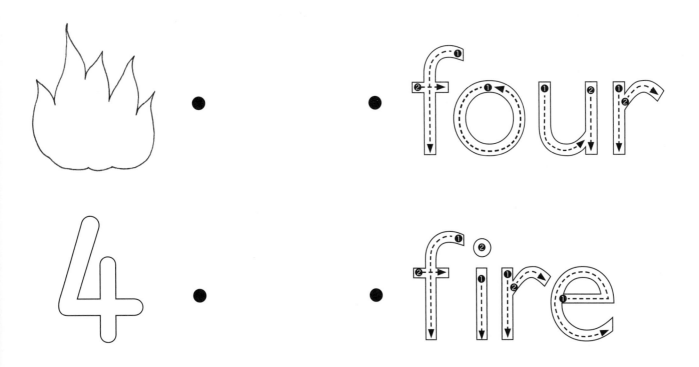

寫字練習。

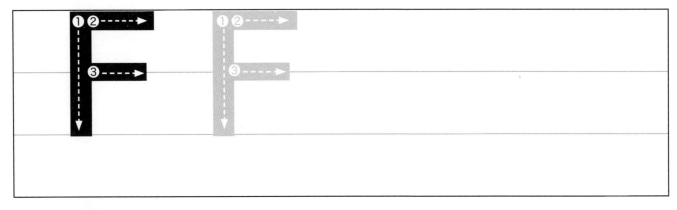

27

13

數一數，哪一種東西的數量是 13 ？請把正確的答案填上顏色。

寫字練習。

哪些是在郊遊時做得對的事情？請在 ☐ 內填上 ✔。

請從貼紙頁選取正確的字詞貼紙，貼在 ⬚ 內，然後掃描二維碼，跟着唸一唸字詞。

粵語　普通話

1

qiū tiān dào
秋 天 到 ，　⬚　 luò
落 。

2

qiū tiān dào
秋 天 到 ，　⬚　 kāi
開 。

3

qiū tiān dào fàng
秋 天 到 ，放 　⬚　 。

請把圖畫填上顏色，然後用手指沿着虛線走。

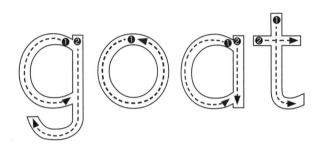

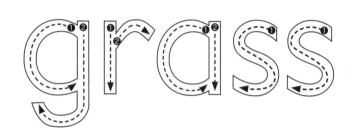

寫字練習。

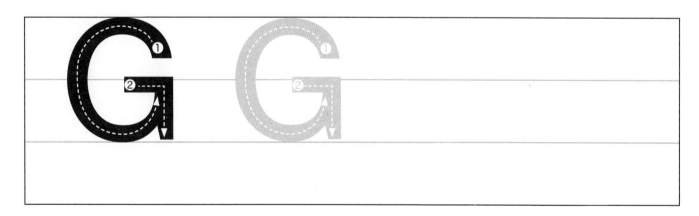

請觀察每一行圖畫的排列規律，然後把正確的答案圈起來。

請找不同顏色的縐紙搓成小粒，然後貼在風箏上。

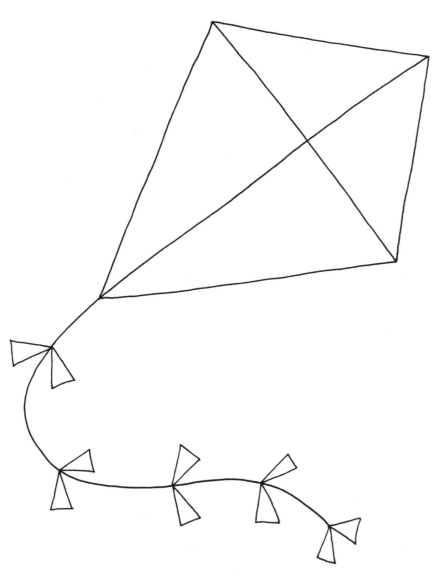

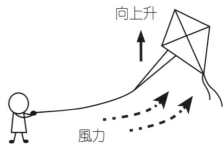

向上升

風力

🔬 STEAM UP 小學堂

小朋友，你有試過放風箏嗎？放風箏時，我們通常先拉緊風箏的線，然後跑動，那是因為當風箏迎着風起來時，風給了風箏一個上升的氣流，我們便是借助這氣流使風箏飄浮升空，風箏就可以上揚起飛了。當風力微弱或無風時，風箏便會因本身的重力而下降。

請掃描二維碼，聽一聽句子，然後從貼紙頁選取正確的字詞貼紙，貼在 □ 內。

1

 粵語　 普通話

wǒ men yòng　　　　　 zhǔ cài
我 們 用 ⌐ ⌐ 煮 菜 。

2

 粵語　 普通話

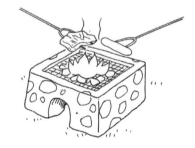

wǒ men yòng　　　　　 shāo kǎo
我 們 用 ⌐ ⌐ 燒 烤 。

3

 粵語　 普通話

wǒ men yòng　　　　　 xǐ zǎo
我 們 用 ⌐ ⌐ 洗 澡 。

請把相配的圖畫和字詞用線連起來，然後用手指沿着虛線走。

•   •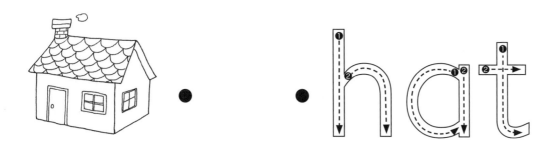

寫字練習。

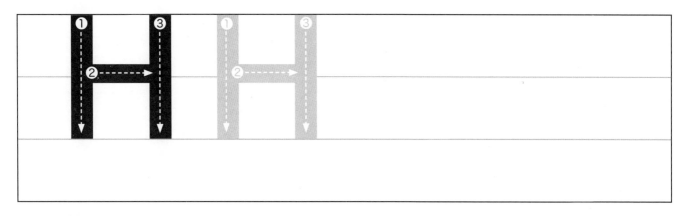

- 認識 14 的數字和數量
- 寫字：14

日期：

14

數一數，哪些東西的數量是 14？請把它們圈起來。

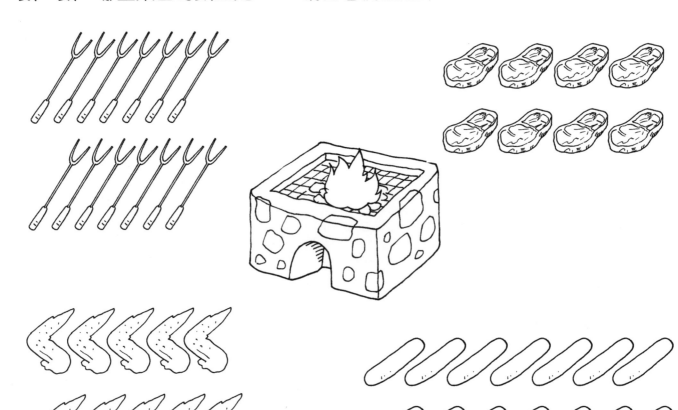

寫字練習。

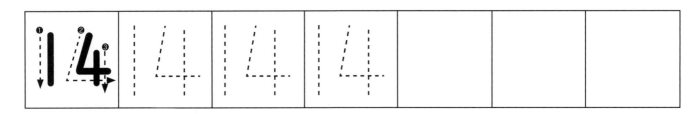

哪些食物是需要煮熟了才可進食呢？請把它們連到鍋裏。

薯片

牛奶

請從貼紙頁選取正確的字詞貼紙，貼在 ☐ 內，然後掃描二維碼，跟着唸一唸字詞。

粵語

普通話

1

xiāo   fáng
消防

2

xiāo   fáng
消防

寫字練習。

、　丶　丷　少　火

火

′　丬　屮　业　半　光

光

請把相配的字詞和圖畫用線連起來。

eye   •

fire   •

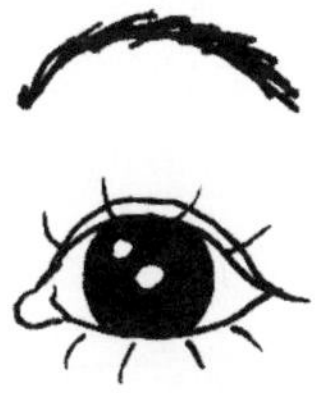

goat   •

hat   •

four   •

ear   •

請從貼紙頁選取數字貼紙，然後按事情發生的先後次序，把貼紙貼在 ⌐ ⌐ 內。

請觀察下面的香腸，由短至長順序把數字寫在 ☐ 內（1 代表最短，4 代表最長）。

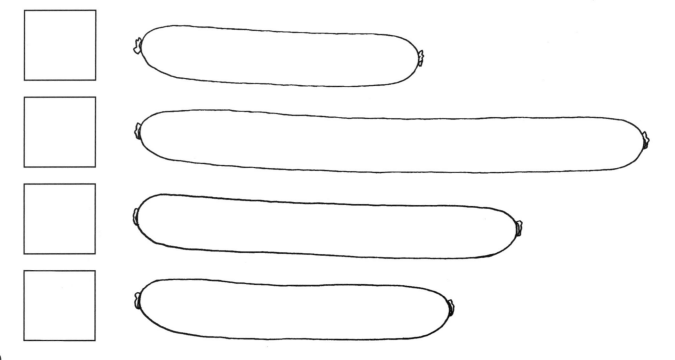

小朋友，你會帶什麼食物去燒烤呢？請畫在桌布上。

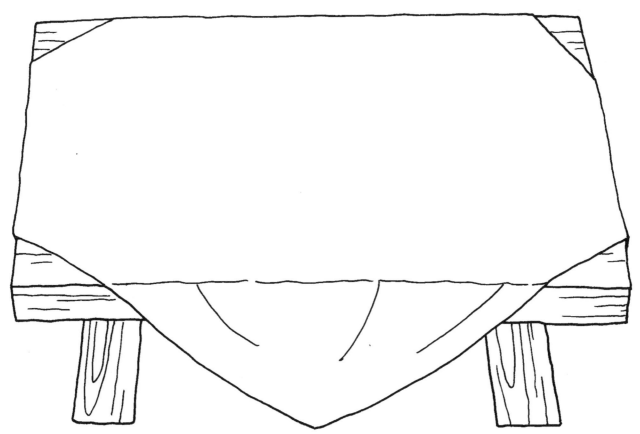

● 認讀：牛、羊、馬、雞、鴨

日期：

請從貼紙頁選取正確的字詞貼紙，貼在 ⬚ 內，然後掃描二維碼，跟着唸一唸字詞。

粵語

普通話

- 認字：iron、ink
- 寫字：I、i

日期：

請從貼紙頁選取跟字詞相配的圖畫貼紙，貼在 ⬚ 內，然後用手指沿着虛線走。

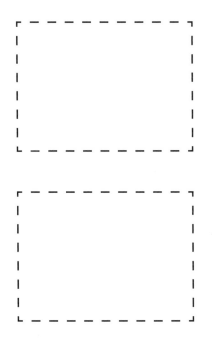

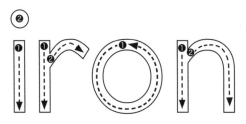

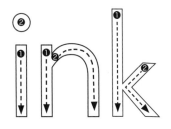

寫字練習。

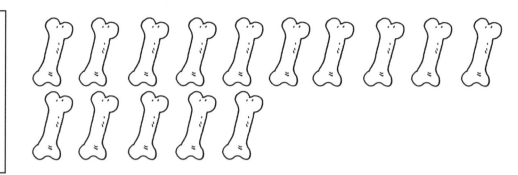

數一數，哪一羣動物的數量是 15 ？請把牠們圈起來。

寫字練習。

1↓5	15	15	15	15			

• 認識小動物喜歡吃的食物

日期：

你知道下面的動物喜歡吃什麼嗎？請把牠們跟愛吃的食物用線連起來。

● 認讀：小狗、花貓、小鳥
● 寫字：牛、羊

日期：

請從貼紙頁選取正確的字詞貼紙，貼在 ☐ 內，然後掃描二維碼，跟着唸一唸字詞。

 粵語　 普通話

1

ài　chī　gǔ　tou
愛吃骨頭。

2

ài　chī　yú
愛吃魚。

3

ài　chī　chóng
愛吃蟲。

寫字練習。

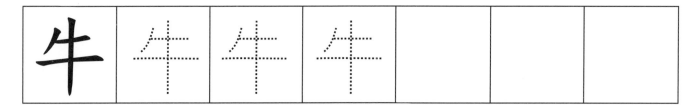

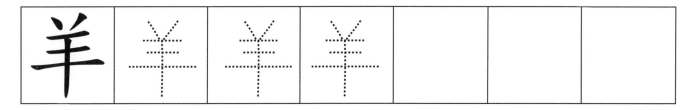

請把圖畫填上顏色，然後用手指沿着虛線走。

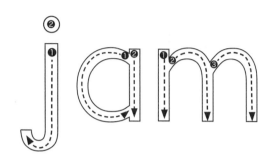

寫字練習。

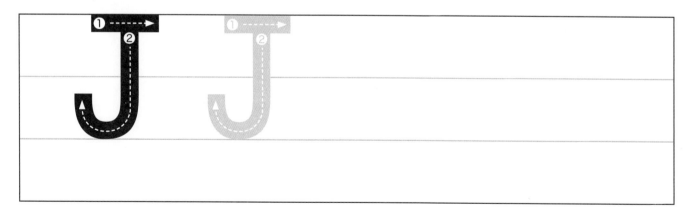

請觀察動物的次序，然後從貼紙頁選取正確的動物貼紙，貼在 ☐ 內。

 的後面是

 的前面是

請找一些棉花球貼在綿羊的身上。

⚛ STEAM UP 小學堂

羊毛其實是綿羊身上的毛皮纖維，可以用來紡成羊毛衣。綿羊的羊毛生長到一定的時候，一般需要剃掉或修剪。而在澳洲的一些農場，要在特定季節和綿羊到了一定年紀才能替牠們剪毛，而且要相隔一段時間才能再次修剪，確保羊不會因為剪毛過度而受傷。另外，羊在剪毛後是不會特別感到寒冷，因為牠們的皮膚有一層油脂，因此即使沒有羊毛，也能適應寒冷的天氣。

請掃描二維碼，聽一聽是什麼字詞，然後把相配的圖畫和字詞圈起來。

1   lǎo shī 老師  yī shēng 醫生

2   hù shi 護士  yóu chāi 郵差

3   yī shēng 醫生  yóu chāi 郵差

4   lǎo shī 老師  hù shi 護士

請把相配的圖畫和字詞用線連起來，然後用手指沿着虛線走。

寫字練習。

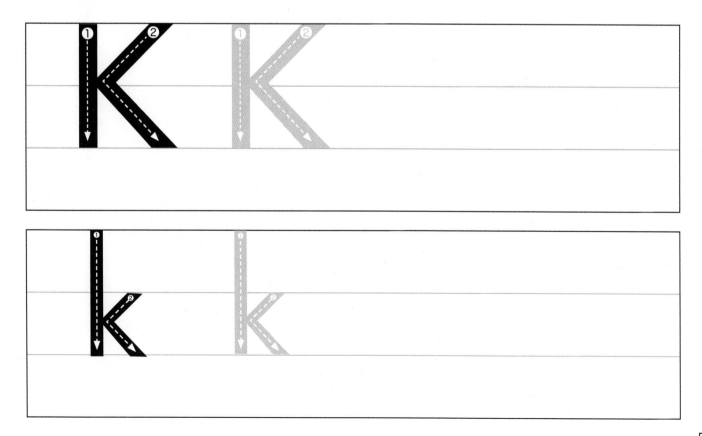

16

數一數，哪一種物件的數量是 16？請把它們填上顏色。

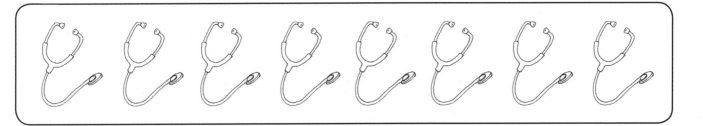

寫字練習。

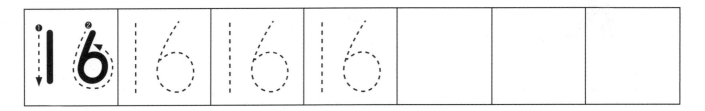

你知道他們在什麼地方工作嗎？請把人物跟相配的工作地點用線連起來。

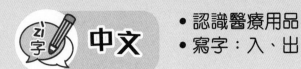

請掃描二維碼，聽一聽是什麼醫療用品名稱，然後把二維碼跟相配的圖畫和字詞用線連起來。

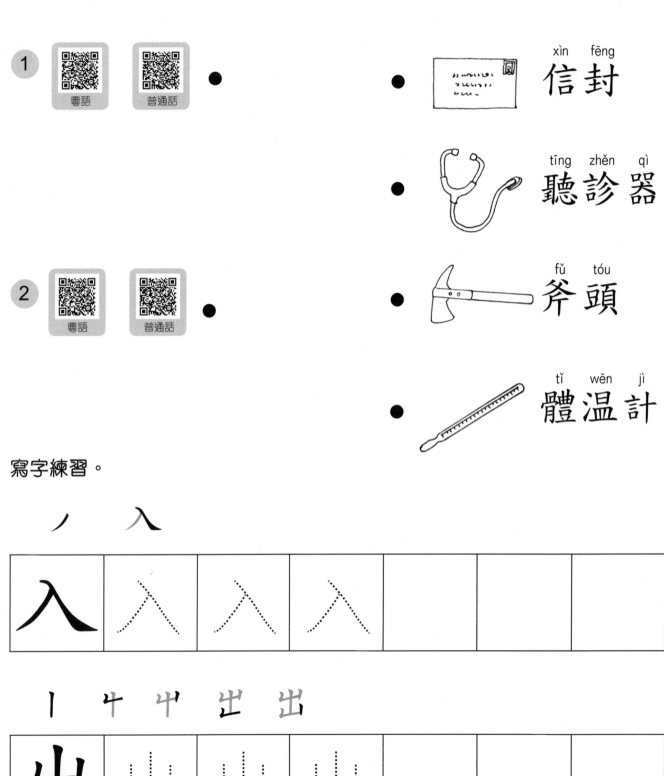

1　粵語　普通話　•

2　粵語　普通話　•

•　　xìn fēng
　　信封

•　　tīng zhěn qì
　　聽診器

•　　fǔ tóu
　　斧頭

•　　tǐ wēn jì
　　體温計

寫字練習。

ノ 入

入 入 入 入

丨 屮 屮 出 出

出 出 出 出

54

請從貼紙頁選取跟字詞相配的圖畫貼紙，貼在 ┌┄┐ 內，然後用手指沿着虛線走。

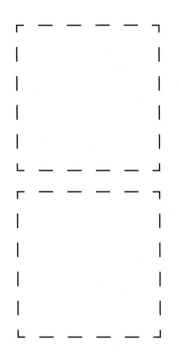

寫字練習。

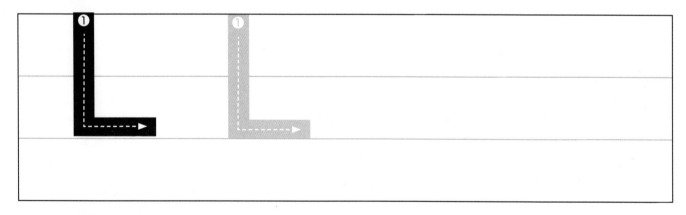

請觀察以下的用品，你會按哪些條件分類？請把物件跟分類條件用線連起來。

長短 •

大小 •

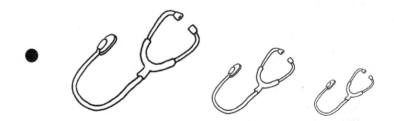

請用手指沾上紅色的水彩，然後點在葉子上，再用黃色的水彩點在中間的小花上，其他的部分填上你喜歡的顏色。

⚛ STEAM UP 小學堂

我們所看到的聖誕花，紅色的部分其實是苞葉（葉子），而不是花瓣。真正的花是中間的黃色小花。
而聖誕花的葉子有鮮豔的紅色，是因為受花青素的影響。

請把跟字詞相配的圖畫圈起來，然後掃描二維碼，跟着唸一唸字詞。

粵語

普通話

1

dōng tiān
冬天

2

máo yī
毛衣

3

xuě rén
雪人

4

huǒ guō
火鍋

請把相配的圖畫和字詞用線連起來，然後用手指沿着虛線走。

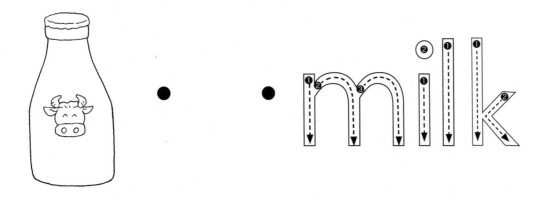

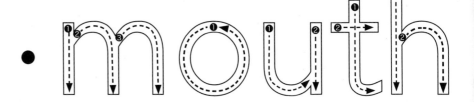

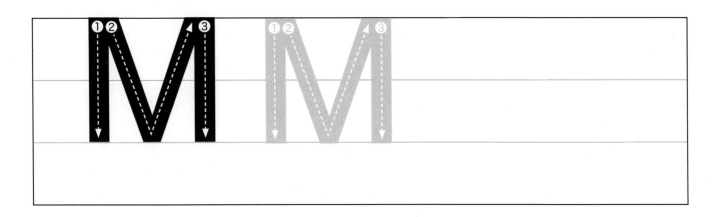

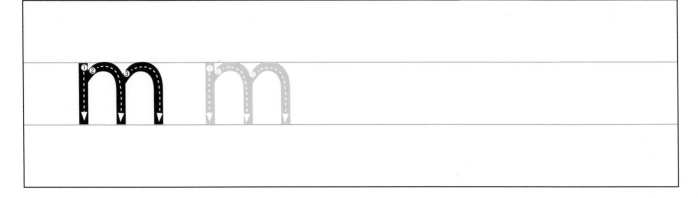

請把數字 1-15 順序連起來。

8

7 • • 6 • 10 • 9 •

5 • • 11

4 • 12 •

3 • • 13

• 2 14 •

1 • • 15

哪些是聖誕節的物品？請把它們圈起來。

請把相配的字詞和圖畫塗上相同的顏色，然後掃描二維碼，跟着唸一唸字詞。

 粵語　 普通話

1. huǒ 火
2. māo 貓
3. ěr 耳
4. bēi 杯
5. xīng 星

寫字練習。

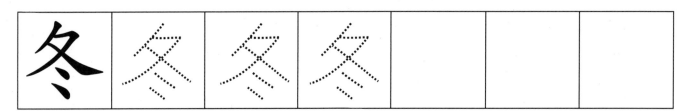

ㄧ ㄅ 夂 冬 冬

冬　冬　冬　冬

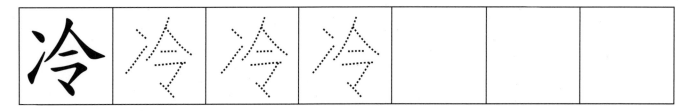

ㄟ ㄧ ㄌ 氵 冸 冷 冷

冷　冷　冷　冷

請從貼紙頁選取正確的英文字母貼紙，貼在 ☐ 內。

ing

amp

outh

ron

am

ilk

請數一數物件的數量，然後把答案填在 □ 內。

依據上題，請從貼紙頁選取正確的圖畫貼紙，貼在 □ 內。

哪樣物件最多？

哪樣物件最少？